AF456833

LES CERITHIUM ET LES CERITHIDÆ

DES

MERS D'EUROPE

PAR

Arnould LOCARD

Présenté à la Société d'Agriculture, Sciences et Industrie de Lyon.
dans sa séance du 21 novembre 1902.

L'étude de nombreuses formes de *Cerithium* vivant dans nos mers d'Europe nous paraît avoir été jusqu'à ces dernières années singulièrement négligée; pourtant, ce sont, pour la plupart, des formes très communes et très répandues, faciles à récolter, le plus souvent parfaitement conservées, mais dont le galbe et le mode d'ornementation nécessite de la part du naturaliste un peu d'attention, lorsqu'il veut arriver à les bien classer. Déjà dans notre *Prodrome* et dans notre *Conchyliologie française* (1) nous avons signalé un certain nombre d'espèces qui nous paraissaient bien distinctes; notre savant ami, M. le marquis de Monterosato avait, du reste, depuis longtemps déjà, appelé notre attention sur le polymorphisme manifeste des coquilles appartenant à ce genre.

(1) A. Locard. *Prodrome de malacologie française, Catalogue général des mollusques vivants de France, mollusques marins*. Paris, Lyon, 1884. 1 vol. gr. in-8.
A. Locard. *Les coquilles marines des côtes de France, description des familles genre et espèces*, Paris, 1892. 1 vol gr. in-8.

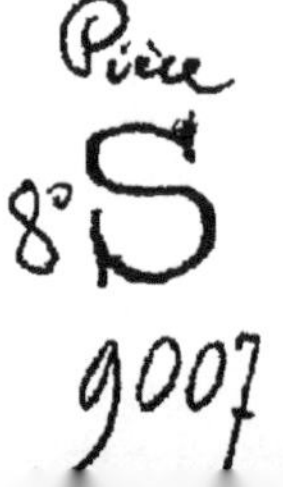

Dans notre *Conchyliologie corse* (1), nous avons eu à relever plusieurs formes nouvelles qu'il nous avait signalées.

L'examen d'un nombre considérable d'échantillons nous a permis d'établir une classification rationnelle de ces nombreuses formes. En effet, la plupart de nos *Cerithium* européens, quoique d'allure générale plus ou moins similaire au premier abord, présentent néanmoins un certain nombre de caractères tous précis et constants, faciles à observer. Ces caractères sont les suivants :

1° Taille et galbe général ; la taille varie suivant les espèces, mais en outre, il importe de bien tenir compte du galbe, dont le profil latéral est tantôt exactement rectiligne dans son ensemble, tantôt, au contraire, plus ou moins curviligne. Ce premier caractère présente, pour nous, une constance et une précision indéniables.

2° Allure du dernier tour ; ce tour, suivant les espèces, est plus ou moins déprimé au voisinage de l'ouverture, sur la face antérieure ; d'autre part, sa hauteur proportionnelle par rapport à la hauteur totale de la coquille, varie également suivant les espèces ; il peut être plus grand, égal ou plus petit, à son extrémité que le tiers de la hauteur totale.

3° Cordon sutural ; ce cordon constitué par une simple rangée de petites granulations plus ou moins fortes ou serrées, logé au voisinage de la suture, peut être absent ou présent.

4° Cordon médian ; ce cordon, également décurrent, figure vers le milieu de chaque tour ; il porte des tubercules espacés, saillants ou mutiques, arrondis ou allongés à la base comme au sommet, mamelonnés ou épineux, et donne à la coquille un faciès particulier.

5° Cordons de la base du dernier tour ; ces derniers cor-

(1) A. Locard et E. Caziot. *Les coquilles marines des côtes de Corse*, Paris, 1900, 1 vol. gr. in-8.

dons en nombre variable, sont constitués par des granulations dont l'allure est indépendante de celle du cordon sutural.

Telles sont les données plus particulièrement caractéristiques sur lesquelles nous nous sommes tablé pour établir chacune de nos espèces; mais en outre, pour chacune d'elles, il existe en dehors des variations purement individuelles, d'autres variations, d'un ordre plus général, susceptibles de s'appliquer à toute une colonie, et désignées sous le nom de variétés. Ces variétés pour la plupart héréditaires, basées sur les différentes manières d'être secondaire de la coquille peuvent être *ex-forma* ou *ex-colore*. Pour laisser à notre travail un caractère d'ensemble plus précis et plus comparatif, nous n'avons pas cru devoir les relever ici. Bornons-nous à dire qu'elles sont nombreuses, étant donné la différence d'allure des milieux où ces différentes formes ont pu être observées.

Enfin, pour compléter notre étude, il nous a paru intéressant de relever le catalogue des *Cerithidæ* actuellement connus dans les mers d'Europe.

Genre CERITHIUM, Adamson.

A. — Groupe du *C. tuberculatum*.

Tubercules plus ou moins épineux ; galbe plus ou moins ventru.

Cerithium tuberculatum, Linné.

Strombus tuberculatus, Lin., 1767. *Syst. nat.*, éd. XII, p. 1213.
Cerithium vulgatum, Brug., 1789. *Dict.*, n° 13.
Murex alucoides, Olivi, 1792. *Zool. Adriat.*, p. 153.
— *molucanus*, Renieri, 1804. *Tav. Adriat.*
Cerithium alucoides, Risso, 1826. *Hist. nat. Eur. mérid.*, IV, p. 55
— *tuberculatum*, Loc., 1886. *Prodr.*, p. 179.
— *(Thericium) vulgatum*, Pallary, 1900. *In Journ. conch.*, XLVIII, p. 308.

Grand, allongé; spire acuminée, à profil latéral rectiligne; suture linéaire; dix tours légèrement convexes; dernier tour déprimé en dessus, égal à son extrémité au tiers de la hauteur totale; canal court ; cordon sutural avec de petites granulations arrondies et serrées; cordon médian avec des tubercules gros, saillants et pointus; quatre à cinq cordons décurrents avec de petites granulations arrondies et rapprochées au bas du dernier tour; d'un jaune verdâtre, avec des flammes ou des taches blanches ou brunes. — H. 50 à 60; D. 20 à 21 millimètres.

Habitat. — Méditerranée : côtes d'Europe, d'Afrique et d'Asie. — Adriatique. — Mer Egée. — Mer Noire.

Profondeur. — Littoral.

Cerithium Provinciale, Locard.

Cerithium Provinciale, Loc., 1886. *Prodr.*, p 179 et 568.

Grand, un peu court et ventru ; spire acuminée à profil latéral nettement curviligne; 10 tours légèrement convexes; suture linéaire ; dernier tour à peine déprimé vers l'ouverture, plus grand à son extrémité que le tiers de la hauteur totale ; canal très court; cordon sutural avec de petites granulations arrondies et un peu espacées; cordon médian avec des tubercules très forts, très saillants, pointus ; de trois à cinq cordons décurrents avec de petites granulations arrondies et rapprochées au bas du dernier tour; d'un jaune verdâtre avec des flammes et des taches blanches ou brunes. — H. 38 à 41; D. 17 à 18 millimètres.

HAB. — Méditerranée : France, Italie, Corse, Sardaigne.

PROF. — Littoral.

Cerithium triviale, DE MONTEROSATO.

Cerithium triviale, Mtr., *in* Loc. et Caz., 1900. *Coq. Corse*, p. 104.

Grand, étroitement allongé; spire très acuminée, à profil latéral exactement rectiligne; 10 à 11 tours presque plans; dernier tour à peine déprimé vers l'ouverture, très notablement plus grand à son extrémité que le tiers de la hauteur totale; canal un peu allongé; cordon sutural avec de petites granulations bien arrondies et très rapprochées, peu saillantes; cordon médian avec des tubercules gros, peu hauts, élargis à la base, allongés, subépineux; cordons de la base du dernier tour très nombreux, petits, avec des granulations arrondies et très serrées; d'un fauve verdâtre, avec des taches brunes ou noirâtres. — H. 40 à 45; D. 15 à 17 millimètres.

HAB. — Méditerranée : France, Italie, Corse, Sardaigne, Sicile.

PROF. — Entre 2 et 20 mètres.

Cerithium tortuosum, DE MONTEROSATO.

Cerithium tortuosum, Mtr., *in* Loc. et Caz., 1900 *Coq. Corse*, p. 105.

Grand, étroitement allongé; spire très acuminée, à profil latéral rectiligne; 10 à 11 tours convexes; dernier tour bien aplati vers l'ouverture, égal à son extrémité au tiers de la hauteur totale; cordon sutural avec des granulations très petites, bien arrondies, rapprochées; cordon médian avec des tubercules forts, étroits à la base, allongés obliquement, épineux au sommet; cordons de la base du dernier tour, nombreux, avec des granulations très fines et serrées; d'un roux fauve clair, avec maculatures plus sombres. — H. 40 à 45; D. 15 à 17 millimètres.

HAB. — Méditerranée : France, Italie, Corse, Sardaigne, Sicile.

PROF. — Entre 2 et 40 mètres.

Cerithium subvulgatum, LOCARD.

Cerithium vulgatum (non Brug.), *var. spinosa*, Blainv., 1826. *Faune franç.*, pl. VI, A, fig. 3.

— *vulgatum (non* Brug.), *var. intermedia*, Req., 1848. *Coq. Corse*, p. 71.

— *subvulgatum*, Loc., 1886. *Prodr.*, p. 179 et 561.

— *(Thericium) intermedium*, Mtr., 1899. *In Journ. conch.*, XLVII, p. 400.

Grand, étroitement allongé; spire très acuminée, à profil latéral presque rectiligne; 10 à 11 tours convexes; dernier tour un peu aplati vers l'ouverture, égal à son extrémité au tiers de la hauteur totale; cordon sutural peu accusé, avec de petites granulations obsolètes; cordon médian, avec des tubercules peu nombreux, peu épais à la base, hauts et pointus; cordons de la base du dernier tour obsolètes; d'un fauve verdâtre, avec des flammes et des taches blanches ou brunes. — H. 40 à 50; D. 15 à 18 millimètres.

Hab. — Méditerranée : France, Italie, Corse, Sardaigne, Chypre.

Prof. — Entre 2 et 20 mètres.

Cerithium Bourguignati, Locard.

Cerithium vulgatum (non Brug.), *var. tuberculata*, Phil., 1836. *Moll. Sic.*, I, p. 192, pl. XI, fig. 6.
— *alucaster, pars*, Scacchi, 1836. *Cat. Neap.*, p. 131.
— *vulgatum, var. minima, pars*, Weink., 1868. *Conch. mittelm.*, II, p. 154.
— *Bourguignati*, Loc., 1886. *Prodr.*, p. 180 et 562.

Taille moyenne; galbe court, ramassé, ventru; spire acuminée, à profil latéral curviligne; 10 tours convexes; dernier tour à peine déprimé vers l'ouverture, plus petit à son extrémité que le tiers de la hauteur totale; cordon sutural avec des granulations obtuses, très rapprochées, arrondies, peu saillantes; cordon médian avec des tubercules nombreux, un peu gros à la base, bien développés, épineux; cordons de la base du dernier tour nombreux, saillants et mamelonnés; d'un fauve verdâtre clair, avec des flammes et des taches blanches ou brunes. — H. 28 à 35; D. 12 à 13 millimètres.

Hab. — Méditerranée : France, Italie, Corse, Sardaigne, Sicile.

Prof. — Entre 2 et 20 mètres.

Cerithium compositum, de Monterosato.

Cerithium compositum, Mtr, *in* Loc. et Caz., 1900. *Coq. Corse*, p. 106.
— *(Thericium) compositum*, Bellini, 1902. *In Boll. nat. Napoli*, XVI, p 102.

Assez petit, court et ramassé, un peu renflé dans le bas; spire acuminée, à profil latéral curviligne; neuf tours légèrement convexes; dernier tour très peu déprimé vers l'ouverture, égal à son extrémité au tiers de la hauteur totale; cordon sutural avec des granulations arrondies, très petites, très rapprochées, bien distinctes; cordon médian, avec des tubercules petits, courts, nombreux et épineux; cordons de la base du dernier tour avec des granulations obsolètes très rapprochées; d'un jaune verdâtre, avec maculatures fauves ou brunes. — H. 25 à 28; D. 12 à 13 millimètres.

Hab. — Méditerranée : France, Italie, Corse, Sardaigne, Sicile.

Prof. — Entre 2 et 20 mètres.

Cerithium Servaini, Locard.

Cerithium Servaini, Loc., 1886. *Prodr.*, p. 180 et 564.
— *(Thericium) intermedium (non* Req.), Bellini, 1902. *In Boll. nat. Napoli*, XVI, p. 22.

Assez petit, étroitement allongé; spire bien acuminée, à profil latéral subrectiligne ; 9 tours presque droits; dernier tour aplati vers l'ouverture, égal à son extrémité au tiers de la hauteur totale; cordon sutural sans granulations apparentes; cordon médian avec des tubercules assez nombreux, peu saillants, très allongés sous forme de costulations longitudinales recouvrant toute la hauteur des tours, tendant à se confondre dans le haut avec les granulations suturales ; cordons de la base du dernier tour très étroits, non granuleux; d'un jaunacé verdâtre avec maculatures brunes ou fauves. — H. 30 à 32; D. 10 à 12 millimètres.

Hab. — Méditerranée : France, Italie, Corse, Sicile.

Prof. — Entre 2 et 10 mètres.

Cerithium muticum, Locard.

Cerithium vulgatum (non Brug.), *var. lævigata.* Req., 1848. *Coq. Corse*, p. 71.
— *vulgatum, var. mutica*, Bucq., Dautz., Dollf., 1884. *Moll. Rouss.*, I, p. 200, pl. 22, fig. 8.
— *muticum*, Loc., 1886. *Prodr.*, p. 180 et 564.

Assez petit, légèrement subovoïde, allongé; spire acuminée, à profil latéral à peine curviligne; 9 tours presque droits; dernier tour déprimé vers l'ouverture, égal à son extrémité au tiers de la hauteur totale; cordon sutural obsolète; cordon médian portant des tubercules allongés, très atténués, réduit à l'état de simples costulations ou varices peu saillantes; cordons de la base du dernier tour obsolètes; d'un jaunacé verdâtre, avec flammes ou taches brunes et blanches. — H. 32 à 34; D. 10 à 11 millimètres.

Hab. — Méditerranée : France, Italie, Corse.

Prof. — Entre 2 et 20 mètres.

Cerithium Monterosatoi, Brusina.

Cerithium minimum (non M. de Serres), Philip., 1836. *Moll. Sic.*, I, p. 193, pl. XI, fig. 8.

? *Cerithium aluchensis*, Chieregh., *in* Brusina, 1870. *Ipsa Chieregh. conch.*, p. 166.
— *(Thericium) Monterosatoi*, Brus., *ap* Mtr., 1890. *In Journ. conch.*, XLVII, p. 400.

Petit, très court et très ramassé ; spire relativement peu haute, acuminée, à profil latéral rectiligne ; 8 tours convexes ; dernier tour gros, faiblement aplati vers l'ouverture, plus grand à son extrémité que le tiers de la hauteur totale ; cordon sutural orné de petites granulations arrondies, peu saillantes ; cordon médian muni de tubercules gros, un peu allongés à la base, saillants et pointus ; cordons de la base du dernier tour peu nombreux, peu marqués ; d'un fauve roux avec des maculatures plus sombres. — H. 18 ; D. 9 millimètres.

Hab. — Méditerranée : Sicile, Chypre.

Prof. — Entre 2 et 20 mètres.

B. — Groupe du *C. alucastrum*.

Tubercules épineux ; galbe très étroitement allongé.

Cerithium alucastrum, Brocchi.

Murex alucaster, Broc., 1814. *Conch. Subap.*, p. 438, pl. X, fig. 4.
Cerithium alucastrum, Risso, 1826. *Hist. nat. Eur. mérid.*, IV, p. 154.
— *vulgatum (non* Brug.), *var. plica*, Philip., 1836. *Moll. Sic.*, I. p. 193.
— *vulgatum*, *var. alucastra*, Bucq., Dautz., Dollf., 1884. *Moll. Rouss.*, I, p. 200, pl. XXII, fig. 4.
Thericium alucastrum, Mtr., 1890 *Conch. Palermo*, p. 12.
Cerithium (Thericium) alucastrum, Pallary, 1900. *In Journ. conch.*, XLVIII, p. 309.
— *(Thericium) alucoides*, Bellini, 1902. *In Boll. nat. Napoli*, XVI, p. 22.

Grand, très étroitement allongé ; spire très haute, très acuminée, à profil latéral rectiligne ; 15 tours faiblement convexes ; dernier tour aplati vers l'ouverture, un peu plus petit à son extrémité que le tiers de la hauteur totale ; cordon sutural obsolète ; cordon médian avec des tubercules allongés longitudinalement, saillants dans le milieu et un peu sous la suture, subépineux ; 3 cordons décurrents peu accusés à la base du dernier tour ; d'un roux jaunacé, avec quelques taches ou maculatures plus sombres. — H. 55 à 75 ; D. 17 à 23 millimètres.

Hab. — Méditerranée : France, Italie, Corse, Sardaigne, Sicile, Algérie, Tunisie. — Adriatique.

Prof. — Entre 20 et 70 mètres.

Cerithium proctractum, Andr. Bivona.

? *Cerithium aluco*, v. Sal. Marschl., 1793 *Reise Neap.*, p. 373
— *vulgatum (non* Brug.), Blainv., 1826. *Faune franç.*, pl. VI, A, fig. 2.

Cerithium vulgatum, var. gracile, Philip., 1836. *Moll. Sic.*, I, p. 193, pl. X, fig. 5.
— *protractum*, Andr. Biv., 1838. *Gen. sp.*, p. 15.
— *vulgatum, var. angustissima*, Weink., 1868. *Conch. mittelm.*, II, p. 154.
— *stenodeum*, Loc., 1886. *Prodr.*, p. 180 et 564.
Thericium protractum, Mtr., 1890. *Conch. Palermo*, p. 17.
Cerithium (Thericium) protractum, Bellini, 1902. *In Boll. nat. Nap.*, XVI, p. 22

Grand, très étroitement allongé, lancéolé ; spire grêle, très haute, très acuminée, à profil latéral presque rectiligne, à peine un peu convexe dans le haut ; 14 à 15 tours presque droits ; dernier tour notablement plus petit à son extrémité que le tiers de la hauteur totale, faiblement déprimé vers l'ouverture ; cordon sutural obsolète ; cordon médian avec des tubercules allongés, obliques, peu saillants, s'étendant du haut en bas des tours, quelques-uns variqueux, faiblement noduleux sous la suture aux derniers tours ; cordons de la base du dernier tour obsolètes ; d'un jaune roux clair avec quelques taches plus sombres. — H. 38 à 45 ; D. 9 à 13 millimètres.

Hab. — Méditerranée : France, Italie, Corse, Sardaigne, Sicile.

Prof. — Entre 10 et 40 mètres.

Cerithium repandum, de Monterosato.

Cerithium vulgatum (non Brug.), *var. repanda*, Mtr., 1879. *In Boll. malac. Ital.*, V, p. 225.
— *vulgatum, var. seminuda*, Bucq., Dautz., Dollf., 1884. *Moll. Rouss.*, I, p. 201, pl. XXII, fig. 11-12.
— *repandum*, Mtr., 1884. *Nom.*, p. 118.

Taille moyenne, étroitement allongé, lancéolé ; spire grêle, très haute, très acuminée, à profil latéral rectiligne ; 14 tours un peu convexes ; dernier tour faiblement déprimé vers l'ouverture, notablement plus petit à son extrémité que le tiers de la hauteur totale ; test un peu mince ; cordon sutural très petit, avec des granulations très peu accusées ; cordon médian étroit, peu saillant, s'étendant de haut en bas des tours ; à peine plus saillant dans le milieu, obsolète au dernier tour ; cordons de la base du dernier tour presque obsolètes ; d'un jaunacé clair, avec les granulations plus pâles et quelques taches rousses. — H. 32 à 40 ; D. 10 à 11 millimètres.

Hab. — Méditerranée : côtes de Barbarie.

Prof. — Vers 20 mètres.

Cerithium exilissimum, Locard.

Cerithium vulgatum (non Brug.), *var. longissima*, Bucq., Dautz., Dollf., 1884. *Moll. Rouss.*, p. 200, pl. XXII, fig. 10
— *exilissimum*, Loc., 1900. *Nova sp.*

Assez petit, très étroitement effilé ; spire haute, grêle, bien acuminée, à profil latéral presque rectiligne; 10 tours légèrement convexes ; dernier tour à peine déprimé vers l'ouverture, un peu plus petit à son extrémité que le tiers de la hauteur totale ; test mince ; cordon sutural presque obsolète; cordon médian réduit à des saillies peu accusées, subgranuleuses, s'étendant du haut en bas des tours, obsolètes au dernier tour ; cordon, de la base du dernier tour presque obsolètes, étroits et réguliers ; d'un roux jaunacé clair, avec quelques taches plus sombres. — H. 20 à 25 ; D. 6 à 8 millimètres.

Hab. — Méditerranée : côtes de Barbarie.

Prof. — Vers 20 mètres.

Cerithium inscriptum, de Monterosato.

Cerithium vulgatum (non Brug.), *var. repanda (non* Mtr.), Bucq., Dautz., Dollf., 1884. *Moll. Rouss.*, I, p. 201, pl. XXII. fig. 14.
— *inscriptum*, Mtr., 1884. Nom., p. 119.

Assez petit, étroitement allongé ; spire haute, acuminée, à profil latéral rectiligne; 10 tours convexes; dernier tour à peine déprimé au voisinage de l'ouverture, un peu plus petit à son extrémité que le tiers de la hauteur totale; cordon sutural presque nul sur les tours supérieurs, avec de petites granulations arrondies sensibles seulement sur les deux derniers tours ; cordon médian sous forme de costulations allongées, légèrement noduleuses dans le milieu, un peu obliques, s'étendant du haut en bas des tours, nulles au dernier ; 8 à 10 cordons très étroits, très finement granuleux, régulièrement distribués sur le dernier tour ; d'un roux jaunacé clair, avec quelques taches un peu plus sombres. — H. 20 à 25 ; D. 6 à 8 millimètres.

Hab. — Méditerranée : côtes de Barbarie.

Prof. — Vers 20 mètres.

C. — Groupe du *C. rupestre*.

Taille assez petite ; tubercules émoussés.

Cerithium rupestre, Risso.

Cerithium rupestre, Risso, 1826. *Hist. nat. Eur. mérid.*, IV, p. 154.
— *fuscatum*, O. G. Costa, 1829. *Cat. sistem.*, p. 8.
— *mediterraneum*, Desh., in Lamarck, 1842. *Anim. s. vert.*, 2e éd., IX, p. 33
— *doliolum*, Weink , 1868. *Conch. mittelm.*, II, p. 157
— *(Thericium) rupestre*, Pallary, 1900. *In Journ. conch.*, XLVIII, p. 310.

Un peu court, renflé dans le bas; spire acuminée à profil latéral rectiligne ; 10 tours presque plans ; dernier tour gros, court, un peu plus petit à son extrémité que le tiers de la hauteur totale ; canal très court ; cordon sutural orné de petites granulations arrondies, très rapprochées ; cordon médian avec des tubercules nombreux, arrondis, assez forts, peu saillants ; cordons du dernier tour très nombreux, le médian seul tuberculeux, les autres granuleux et plus ou moins atténués ; d'un roux jaunacé, avec points et flammes plus sombres. — H. 22 à 26 ; D. 9 à 10,5 millimètres.

HAB. — Méditerranée : côtes d'Europe, d'Afrique et d'Asie. — Adriatique — Mer Egée.

PROF. — Littoral.

Cerithium Massiliense, LOCARD.

Cerithium rupestre (non Risso), *var. minor*, Bucq., Dautz., Dollf., 1884. *Moll. Rouss.*, I, p. 203, pl. XXIII, fig. 7-8.
— *Massiliense*, Loc., 1886. *Prodr.*, p. 182 et 566.

Assez petit, court et ventru ; spire acuminée, à profil latéral bien curviligne ; 10 tours faiblement convexes ; dernier tour gros, court, un peu plus petit à son extrémité que le tiers de la hauteur totale ; cordon sutural réduit à l'état de ligne ponctuée ; cordon médian avec des tubercules petits, arrondis, peu saillants ; cordons de la base du dernier tour assez nombreux mais obsolètes ; d'un roux jaunacé, orné de points bruns, avec les tubercules jaune paille. — H. 14 à 20 ; D. 4,5 à 8 millimètres.

HAB. — Méditerranée ; France, Italie, Corse, Algérie.

PROF. — Littoral.

Cerithium strumaticum. LOCARD.

Cerithium tuberculatum (non Lin.), Blainv., 1826. *Faune franç.*, pl. VI, A, fig. 5.
— *fuscatum (non* Gmel.), Phil., 1836. *Moll. Sic.*, I, p. 193, pl. XI, fig. 7
— *rupestre (non* Risso), *var. plicata*, Bucq., Dautz., Dollf., 1884. *Moll. Rouss.*, I, p. 203, pl. XXIII, fig. 5-6.
— *strumaticum*, Loc., 1886. *Prodr.*, p. 182 et 565.

Assez petit, subovoïde, un peu allongé ; spire acuminée, à profil latéral curviligne ; 10 tours à peine convexes ; dernier tour assez haut, égal à son extrémité au tiers de la hauteur totale ; test orné de plis longitudinaux ondulés, saillants, régulièrement espacés, formés par la réunion de deux ou plusieurs rangées de tubercules très peu accusés se confondant à leur extrémité ; d'un jaunacé verdâtre, avec taches plus sombres, souvent avec une large bande jaune plus pâle au dernier tour. — H. 20 à 25 ; D. 8 à 10 millimètres.

HAB. — Méditerranée : France, Italie, Corse, Sardaigne.

PROF. — Entre 2 et 20 mètres.

Cerithium lividulum, RISSO.

Cerithium lividulum, Risso, 1826. *Hist. nat. Eur. mérid.*, IV, p. 151.
— *(Thericium) lividulum*, Pallary, 1900. *In Journ. conch.*, XLVIII, p. 310.

Assez petit, allongé, un peu étroit; spire acuminée, à profil latéral légèrement curviligne; 10 tours presque plans; dernier tour un peu haut, égal à son extrémité au tiers de la hauteur totale; cordon sutural avec des granulations petites, distinctes. arrondies, très rapprochées; cordon médian avec des tubercules allongés, peu saillants, nombreux, comme obsolètes, un peu noduleux dans le milieu; cordons de la base du dernier tour très nombreux, granuleux, confus, peu accusés; d'un gris jaunacé avec taches livides, les tubercules et les granulations jaune clair. — H. 18 à 26; D. 7 à 10 millimètres.

HAB. — Méditerranée : France, Italie, Corse, Sardaigne, Sicile, Algérie.

PROF. — Entre 10 et 20 mètres.

Cerithium Submediterraneum, DE MONTEROSATO.

Cerithium mediterraneum (non Desh.), Mtr., 1900. *In Litt.*

Assez petit, étroitement allongé; spire bien acuminée, à profil latéral sensiblement rectiligne; 10 tours plans; dernier tour assez haut, plus petit à son extrémité que le tiers de la hauteur totale; test orné de fins cordons décurrents portant des granulations très petites, très rapprochées, subégales, le cordon sutural à peine plus finement granulé que les autres, les cordons de la base du dernier tour tout à fait obsolètes et bien rapprochés; d'un roux jaunacé avec taches ou flammes livides, souvent une zone décurrente plus claire dans le haut du dernier tour. — H. 20 à 25; D. 7,5 à 8,5 millimètres.

HAB. — Méditerranée : France, Sardaigne, Sicile.

PROF. — Entre 10 et 20 mètres.

Cerithium Payraudeaui, DE MONTEROSATO.

Cerithium Payraudeaui, Mtr., *in* Loc. et Caz., 1900. *Coq. Corse*, p. 109.

Petit, allongé, très légèrement ventru; spire assez haute, acuminée, à profil latéral un peu curviligne; 10 tours convexes; dernier tour égal à son extrémité au tiers de la hauteur totale; test un peu mince; cordon sutural obsolète, avec des granulations arrondies, très petites, très rapprochées, parfois nulles; cordon médian avec des tubercules très petits, très allongés dans le bas, arrondis dans le haut, saillants ; deux ou trois cordons décurrents au bas du dernier tour ; d'un fond jaunacé verdâtre avec des taches plus sombres, les saillies granuleuses et tuberculeuses presque blanches. — H. 16 à 18 ; D. 6 à 7 millimètres.

Hab. — Méditerranée : Corse, Sardaigne.

Prof. — Littoral.

Cerithium Requieni, Locard.

Cerithium Requieni, Loc., *in* Loc. et Caz., 1900. *Coq. Corse*, p. 110.

Petit, étroitement allongé ; spire haute, un peu élancée, acuminée, à profil latéral rectiligne ; 10 tours presque plans ; dernier tour un peu plus petit à son extrémité que le tiers de la hauteur totale ; cordon sutural orné de petits mamelons rapprochés, arrondis, extrêmement atténués ; cordon médian avec des tubercules distincts. très peu saillants, allongés dans le sens de la hauteur, subnoduleux dans le milieu ; dernier tour avec un ou deux cordons décurrents tout à fait obsolètes, en dessous d'un cordon médian moins accusé que sur les tours précédents ; d'un jaune verdâtre avec des taches plus sombres ou grisâtres, les saillies plus claires. — H. 17 à 20 ; D. 7 à 9 millimètres.

Hab. — Méditerranée : France, Corse.

Prof. — Littoral.

Cerithium palustre, de Monterosato.

Cerithium palustre, Mtr., *in* Loc. et Caz., 1900. *Coq. Corse*, p. 110.

Petit, court et ventru ; spire peu haute, acuminée, à profil latéral bien curviligne ; 10 tours légèrement convexes ; dernier tour plus grand à son extrémité que le tiers de la hauteur totale ; cordon sutural orné de petites saillies mamelonnées arrondies, très rapprochées ; cordon médian avec des nodosités allongées, obliques, peu saillantes, obsolètes au dernier tour ; pas de cordons décurrents sensibles sur la base du dernier tour ; d'un jaunacé verdâtre avec des taches mal définies plus sombres, les saillies plus claires. — H. 16 à 18 ; D. 7 à 9 millimètres.

Hab. — Méditerranée : France, Italie, Corse, Sardaigne, Sicile.

Prof. — Littoral.

Cerithium renovatum, de Monterosato.

Cerithium vulgatum (non Brug.), *var. pulchella (non C. pulchellum*, Dujard.) Phil., 1836. *Moll. Sic.*, I, p. 193, pl. XI, fig. 9.
— *renovatum*, Mtr., 1884. *Nom.*, p. 120.
— *(Thericium) renovatum*, Pallary, 1900. *In Journ. conch.*, XLVIII, p. 309.

Petit, un peu étroitement allongé; spire haute, acuminée, à profil latéral presque rectiligne; 10 tours légèrement convexes; dernier tour égal à son extrémité au tiers de la hauteur totale; cordon sutural avec de petites saillies mamelonnées, espacées, souvent obsolètes; cordon médian avec des saillies tuberculeuses un peu allongées à la base, arrondies au sommet, réduites au dernier tour à l'état de simples petits mamelons arrondis; pas de cordons décurrents bien distincts à la base du dernier tour; d'un jaunacé roux, avec quelques mouchetures brunes, les saillies se détachant en blanc. — H. 16 à 20; D. 6, 5 à 7 millimètres.

HAB. — Méditerranée : Italie, Sicile, Algérie. — Adriatique.

PROF. — Entre 2 et 20 mètres.

Cerithium scabridum, PHILIPPI.

Cerithium scabridum, Philip., 1851. *Abbild. Conch.*, III, *Cerith.*, p. 17, pl. 2, fig. 12.

Petit, conique, un peu court; spire assez haute, acuminée, à profil latéral rectiligne; 10 tours à peine convexes; dernier tour un peu plus petit à son extrémité que le tiers de la hauteur totale; test assez mince, orné de cordons décurrents étroits, réguliers, à raison de deux dans les tours supérieurs et de quatre à cinq sur le dernier, portant des petits mamelons bien arrondis, réguliers, saillants, espacés, atténués seulement à la base du dernier tour; d'un fauve roux clair ou grisâtre, les mamelons se détachant en clair ou en noir. — H. 15; D. 5 millimètres.

HAB. — Méditerranée : Égypte, Syrie, mer Rouge.

PROF. — Entre 2 et 20 mètres.

Cerithium Brongnarti, MARAVIGNA.

Cerithium Brongnarti, Marav., 1840. *In Rev. zool.*, p. 326.
— *Hymerensis*, Calcara, 1840. *Mon. gen.*, p. 49.
— *Pirajni*, Benoît, 1843. *Ric. malac.*, p. 12.
— *lævigatum*, (*non* M. de Serres), Philip., 1844. *Moll. Sic.*, II, p. 161, pl. 25, fig. 32.
— *Peloritanum* (*non* Cantraine), Tiberi, 1869. *In Bull. malac. Ital.*, II, p. 262.
— *desolatum*, Bayle, 1880. *In Journ. conch.*, XXVIII, p. 280.

Petit, conique-allongé; spire haute, acuminée, à profil latéral rectiligne; 9 à 10 tours légèrement convexes, suture oblique; dernier tour égal à son extrémité au tiers de la hauteur totale; test orné de cordons décurrents très fins, peu accusés, rapprochés, à raison de 25 environ sur l'avant-dernier tour, avec des nodosités très peu sensibles sur le milieu du dernier; d'un roux fauve unicolor. — H. 15; D. 6 millimètres.

HAB. — Méditerranée : Sicile.

PROF. — Littoral.

REVISION DES GENRES ET ESPÈCES

APPARTENANT A LA FAMILLE DES CERITHIDÆ

DES MERS D'EUROPE

Genre CERITHIUM, Adamson.

Coquille de taille moyenne, dextre, conique, allongée, variqueuse, épineuse ou mamelonnée; canal court, oblique ; labre épaissi ; columelle concave; test orné de cordons granuleux ou tuberculeux; opercule corné, paucispiré, nucleus submarginal.

Genre PIRENELLA, Gray.

Coquille de taille assez petite, dextre, conique, oblongue, variqueuse, non épineuse ; canal très court, presque droit; labre mince, sinué ; bord columellaire simple ; test granuleux ; opercule corné, à tours nombreux, à nucléus central (1).

Pirenella conica, DE BLAINVILLE.

Cerithium conicum, Blainv., 1826. *Faune franç.*, p. 158, pl. VI, A, fig. 10. — *C. mammillatum (non* Risso),Phil., 1836. *Moll. Sic.*, I, p. 194, pl. XI, fig. 12. — *Pirenella conica, pars*, Mtr., 1884. *Nom.*, p. 127. — *Ceritidea conica*, Paet., 1888. *Cat. Conch. Samml.*, I, p. 353.

Conique un peu court; 12 tours plans; test orné sur chaque tour de deux rangées de granulations arrondies, peu saillantes; au bas du dernier tour, 4 à 5 cordons granuleux plus ou moins grêles. — H. 15; D. 5,5 millimètres. — Méditerranée : France, Italie, Sicile, Tunisie, Egypte. (Entre 10 et 20 mètres).

(1) Nous ne donnerons ici que des descriptions absolument sommaires, mais néanmoins toutes comparatives qui permettront de distinguer facilement les différentes espèces que nous avons admises.

Pirenella Sardoumi, Cantraine.

Cerithium Sardoum, Cantr., 1836. *In Acad. Brux.*, II, p. 392, — *C. mammillatum (non* Risso), Philip., 1836. *Moll. Sic.*, I, pl. XI, fig. 11. — *Pirenella conica (non* Blainv.), Mtr., 1884. *Nom.*, p. 128. — *Cerithidea mammillata, pars (non* Risso), Paet., 1888. *Cat. Conch. Saml.*, I, p. 354. — *Potamides (Pirenella) mammillata*, Bellini, 1902. *In Bull. nat. Napoli*, XVI, p. 102.

Conique allongé ; 12 tours plans ; test orné sur chaque tour de trois rangées de granulations arrondies, rapprochées, disposées en lignes, de façon à simuler des costulations longitudinales droites ; au bas du dernier tour, trois à quatre cordons décurrents, granuleux, de plus en plus atténués. — H. 20 à 22 ; D. 5,5 à 6,5 millimètres. — Méditerranée : France, Italie, Sicile, Tunisie, Egypte, Syrie ; Adriatique. (Entre 20 et 90 mètres).

Pirenella Peloritana, Cantraine.

Cerithium Peloritanum, Cantr., 1836. *In Acad. Brux.*, II, p. 392. — *Cerithidea Peloritana*, Paet., 1888. *Cat. conch. Saml.*, I, p. 354.

Conoïde allongé, un peu trapu ; 10 tours plans ; test orné de costulations longitudinales à raison de 12 à 14 sur le dernier tour, arrondies, saillantes, régulières, recoupées par 3 cordons décurrents inéquidistants, formant à leur rencontre des saillies noduleuses-allongées transverses ; au bas du dernier tour, 4 à 5 cordons granuleux de plus en plus petits. — H. 16 ; D. 6 millimètres. — Méditerranée : France(1), Sicile, Egypte. (Entre 5 et 20 mètres).

Pirenella Cailliaudi, Potiez et Michaud.

Cerithium Cailliaudi, Pot., Mich., 1836. *Moll. Douai*, I, p. 359, pl. 31. fig. 17-19. — *P. Cailliaudi*, Mtr., 1884. *Nom.*, p. 123.

Petit, court et trapu ; 10 à 12 tours plans ; deux cordons décurrents, granuleux sur chaque tour ; quatre à cinq cordons également granuleux, mais de plus en plus petits à la base du dernier tour. — H. 10 à 12 ; D. 4 à 5 millimètres. — Méditerranée : Alexandrie ; mer Rouge.

Genre CERITHIOLINUM, Locard.

Coquille petite, dextre, subulée ; spire haute, tours nombreux et aplatis ornés de cordons décurrents et de costulations longitudinales ; dernier

(1) Nous conservons quelques doutes sur cette station, quoique nous l'ayons relevée au Muséum de Marseille sur les indications du regretté professeur Marion. Une dizaine d'echantillons auraient été trouvés, il y a une vingtaine d'années à l'entrée du port de Marseille. M. F. Ancey n'en fait pas mention dans son catalogue du cap. Pinède.

tour aplati en dessous ; ouverture avec un canal court et oblique; opercule corné, paucispiré, à nucléus subcentral (1).

A. — Groupe du *C. metulatum.*

Sommet plus ou moins arrondi.

Cerithiolinum metulatum, Loven.

Cerithium metula, Lov., 1846. *Moll. Scand.,* p. 33. — *C. nitidum,* Forb., 1847. *In Mag. nat. Hist.,* XIX, p. 92, pl. 9. fig. 2. — *Cerithiopsis metula,* Sow., 1857. *Ill. ind.,* pl. XV, fig. 11. — *Lovenella metula,* G. O. Sars, 1878. *Moll. Norv.,* p. 187, pl. XIII, fig 5. — *Bittium metulatum,* Loc., 1886. *Prodr.,* p. 189. — *Cerithiella metula,* Kob., 1888. *Prodr.,* p. 165. *Cerithiopsis metulata,* Loc., 1897. *Exp. Trav.,* I, p 280.

Conique, très étroitement allongé; spire très haute, très acuminée; tours plans; costulations longitudinales droites, fines, recoupées par trois cordons décurrents formant des nodosités un peu allongées. — H. 8 à 14; D. 2 à 3 millimètres. — Atlantique : depuis le Spitzberg et le Finmark jusqu'à la péninsule ibérique; mer du Nord; Manche. (Entre 20 et 1740 mètres) (2).

Cerithiolinum amblyterum, Watson.

Cerithium gracile (non Philip.), Jeffr., 1885. *In Proc. zool. Soc.,* p. 54, pl. VI, fig. 3. — *Bittium amblyterum,* Wats., 1886. *Voy. Challeng.,* XV, p. 545, pl. XXXIX, fig. 6. — *Cerithiopsis Martensi,* Dall, 1889. *Blak Moll.,* p. 255, pl. XX, fig. 1. — *Cerithiella amblytera,* Dtz., H. Fisch., 1896. *In Mem. soc. zool.,* p. 50.

Conique, très étroitement allongé; spire très haute, très acuminée; tours plans; costulations longitudinales droites, fines, recoupées par deux cordons décurrents formant des nodosités petites et arrondies. — H. 6; D. 1,5 millimètre. — Atlantique, depuis la Grande-Bretagne jusqu'aux Açores. (Entre 1245 et 2305 mètres).

(1) C'est le genre *Lovenella* de G. O. Sars (1878); mais ce nom ayant été donné antérieurement à un genre d'Hydroïdes, M. Verrill (1882) lui a substitué celui de *Cerithiella;* or, comme l'a démontré M. Cossmann (1896), il convient de réserver ce dernier nom institué en 1850, par Morriss et Lycett *(Ceritella, melius Cerithiella),* pour un genre de Nérinées fossiles. Nous avons ainsi été conduit à proposer le nom de *Cerithiolinum.*

(2) D'après M. le marquis de Monterosato (1884. *Nom.,* p. 123), il existerait dans la Méditerranée une forme voisine mais différente de *C. metulatum* qu'il désigne sous le nom de *Cerithiella Hanleyiana* et qui n'est connu que par un seul exemplaire trouvé à Villefranche.

Cerithiolinum costulatum, MÖLLER.

Turritella? costulata, Moll., 1842. *Moll. Groenl.*, p. 10. — *Cerithium arcticum*, Mörch., 1875. *Moll. Groenl.*, p. 127. — *Cerithiopsis costulata*, G O. Sars, 1878. *Moll. Norv.*, pl. XIII, fig. 7.

Conique, très étroitement allongé; spire haute, très acuminée; tours légèrement convexes; costulations longitudinales étroites, presque droites, peu saillantes, avec des stries décurrentes intercostales extrêmement fines. — H. 11; D. 2 millimètres. — Atlantique : depuis les régions arctiques jusqu'à la péninsule ibérique; mer du Nord; Manche. (Entre 110 et 2420 mètres.)

Cerithiolinum procerum, JEFFREYS.

Cerithium procerum, Jeffr., 1877. *In Mag. nat. Hist.*, p. 322, — *C. Danielseni*, Friele, 1877. *In Nyt. Mag. for Naturv.*, XXIII, p. 3. — *C. procerum*, Jeffr., 1885. *In Proc. Zool. Soc.*, p. 53, pl. VI, fig. 2.

Conique, allongé, légèrement turriculé; spire acuminée; tours un peu convexes; costulations longitudinales un peu ondulées et obliques, étroites, assez saillantes, avec des stries décurrentes intercostales très fines. — H. 5; D. 2 millimètres. — Atlantique : Norvège, Hébrides, Féroë, Islande, péninsule ibérique; mer du Nord. (Entre 755 et 2655 mètres).

Cerithiolinum angustissimum, FORBES.

Cerithium angustissimum, Forb., 1843. *Rep. Æg. inv.*, p 190. — *C. Benoitianum*, Mtr., 1869. *In Journ. conch.*, XVII, p. 275, pl. III, fig. 2 — *Metaxia angustissima*, Mtr., 1184. *Nom.*, p. 125.

Conique, très étroitement allongé, turriculé; spire grêle, élancée; tours subanguleux; costulations longitudinales nombreuses, peu accusées, recoupées par cinq cordons décurrents formant à leur rencontre de légères saillies. — H. 9; D. 2 millimètres. — Méditerranée : Italie, Sicile; mer Egée. (Entre 20 et 100 mètres.)

Cerithiolinum excavatum, LOCARD.

Cerithiopsis excavata, Loc., 1897. *Exp. Trav.*, I, p. 383, pl. XXI, fig. 17-19.

Subcylindroïde extrêmement allongé, très grêle; tours fortement anguleux; costulations longitudinales étroites, arrondies, obliques, recoupées par 4 ou 5 cordons décurrents, formant à leur rencontre de légères saillies noduleuses. — H. 11 (minimum); D. 1 millimètre. — Méditerranée : France. (Vers 555 mètres.)

Cerithiolinum obeliscoides, Jeffreys.

Cerithium obeliscoides, Jeffr., 1885. *In Proc. Zool. Soc.*, p. 55, pl. VI, fig. 4.

Subconoïde allongé; spire haute, obtuse; tours convexes; stries longitudinales très nombreuses, fines, rapprochées, recoupées dans le bas des tours par 4 à cinq striations décurrentes formant à leur rencontre de fines réticulations. — H. 3,5 ; D. 1 millimètre. — Atlantique : péninsule ibérique. (Entre 1355 et 1995 mètres.)

Cerithiolinum cylindratum, Jeffreys.

Cerithium cylindratum, Jeffr., 1885. *In Proc. Zool. Soc.*, p. 55, pl. VI, fig. 5.

Subcylindroïde un peu court; spire haute, subacuminée; tours légèrement convexes; nombreuses costulations longitudinales droites, régulières, recoupées par 3 ou 4 cordons décurrents de même valeur, formant à leur rencontre de petites saillies granuleuses subarrondies. — H. 4 ; D. 1,5 millimètres. — Atlantique : péninsule ibérique; Méditerranée : côtes d'Afrique. (Entre 5 et 575 mètres.)

B. — Groupe du *C. insigne*.

Sommet stiliforme.

Cerithiolinum insigne, Jeffreys.

Stilus imignis, Jeffr., 1885. *In Proc. Zool. Soc.*. p. 52, pl. VI, fig. 1.

Conique allongé ; spire acuminée; tours plans ; sommet involué, terminé par une petite pointe acuminée et redressée ; nombreuses costulations longitudinales, subégales, un peu infléchies, recoupées par 3 ou 4 cordons décurrents formant à leur rencontre de petites granulations arrondies. — H. 5; D. 1,5 millimètres. — Atlantique : péninsule ibérique. (Entre 415 et 675 mètres.)

Genre CERITHIOPSIS, Forbes et Hanley.

Coquille imperforée, petite, dextre, plus ou moins cylindroïde, étroite, tuberculeuse, non variqueuse ; tours nombreux, le dernier plus étroit à proportion que les autres ; ouverture petite, canal court, tronqué, presque droit; opercule corné, paucispiré, à nucléus sublatéral.

A. — Groupe du *C. tubercularis*.

Profil latéral rectiligne ; test granuleux.

Cerithiopsis tubercularis, MONTAGU.

Murex tubercularis, Mtg., 1803-1809. *Test. Brit.*, p. 270; *Suppl.*, p. 116. — *Cerithium tuberculare*, Flem., 1826. *Brit. Conch.*, p. 193, fig. 8. — *C. pygmæum*, Phil., 1844. *Moll. Sic.*, II, p. 162, pl. XXV, fig. 26. — *Cerithiop. tuberculare*, Forb, Hanl, 1853. *Brit. moll.*, III, p. 365, pl. XCI, fig. 7-8. — *C. Henkeli*, Nyst., 1844. *Coq. foss. Belg.*, p. 340.pl. 41, fig. 22.

Etroitement conique; spire allongée, acuminée; 10 à 12 tours plans, les 3 premiers lisses, les suivants avec 3 rangées de tubercules arrondis, serrés et irréguliers; dernier tour subanguleux à la base, bordé d'un cordon lisse suivi d'un second cordon sur une surface convexe. — H. 4 à 10; D. 1 à 2,7 millimètres. — Atlantique : depuis la Norvège jusqu'aux îles Madère et Canaries; mer du Nord; Manche; Méditerranée : France, Italie, Sicile, Egypte; Adriatique. (Entre 10 et 40 mètres.)

Cerithiopsis contigua, DE MONTEROSATO.

C. contigua, Mtr., 1878. *In Journ. conch.*, XXVI, p. 156.

Etroitement subconique; spire allongée, acuminée; 10 à 12 tours plans, avec une ligne subsuturale pointillée suivie de 3 rangées de tubercules arrondis, serrés, réguliers; dernier tour anguleux à la base, excavé et lisse en dessous. — H. 6; D 1,5 millimètres. — Méditerranée : Sicile. (Entre 10 et 20 mètres.)

Cerithiopsis Barleei, JEFFREYS.

Cerithium tuberculare (non Mtg.), *var. subulata*, Wood., 1848. *Crag Moll*, p. 70, pl. VIII, fig. 5-7. — *C. Barleei*, Jeffr., 1867. *Brit. moll*, IV, p. 267; V, p. 217, pl. LXXXI, fig. 2. — *Cerithiop. tubercularis (non* Mtg.), *var. subulata*. Bucq., Dautz, Dollf., 1884. *Moll. Rouss.*, I. p. 205, pl. 17, fig. 3.

Subcylindro-conique, spire très allongée, très acuminée; 12 tours plans, les 3 premiers tours lisses, les suivants avec 3 rangées de tubercules arrondis et réguliers; dernier tour concave en dessous, anguleux à la base, bordé d'un cordon carénal lisse, suivi d'un second cordon également lisse. — H. 6; D. 1,7 millimètres. — Atlantique : depuis la Grande-Bretagne et l'Irlande jusqu'à la Méditerranée; Manche. (Entre 10 et 60 mètres.)

Cerithiopsis aciculata, BRUSINA.

Cerithium acicula, Brus., 1864. *Conch. Dalm.*, p. 17. — *Cerithiop. acicula*, Brus., 1866. *Contr. Dalm.*, p. 71.

Subcylindroïde très grêle, très étroit; spire très allongée, bien acuminée; 14 à 16 tours plans; premiers tours lisses, les suivants ornés de

3 rangées de tubercules arrondis et réguliers; dernier tour très anguleux à la base, plan en dessous, bordé d'un cordon caréna1 lisse, suivi d'un second cordon, également lisse. — H. 8 à 19; D. 2 à 2,2 millimètres. — Méditerranée : France, Italie, Corse, Tunisie; Adriatique. (Entre 10 et 60 mètres.)

Cerithiopsis metaxæ, DELLE CHIAJE.

Murex metaxæ, Chiaje, 1829. *Mem.*, III, p. 322, pl. XLIX, fig. 29-31. — *Cerithium rugulosum*, Sow., 1850. *Thesaur. Conch.*, fig. 237. — *C. augustissimum*, Mac-Andr., 1864. *Geogr. distr.*, p. 40. — *C. Crosseanum*, Tiberi, 1863. *In Journ. conch.*, XI, p. 158, pl. VI, fig. 4. — *C. metaxa*, Sow., 1859. *Ill. index*, pl. XV, fig. 9. — *C. subcylindricum*, Brus., 1864. *Conch. Dalm.*, p. 17. — *Cerithiop. subcylindricus*, Brus., 1866. *Conch. Dalm.*, p. 71. — *Cerithiop. metaxa*, Jeffr., 1867. *Brit. Conch.*, IV, p. 271; V, p. 217, pl. LXXXI, fig. 4. — *Metaxia rugulosa*, Mtr., 1884. *Nom.*, p. 125.

Subcylindroïde très étroitement allongé; spire très grêle, très élancée; 14 à 16 tours convexes; premiers tours lisses, les suivants ornés de 3 rangées de cordons granuleux; granulations ovalaires un peu plus hautes que larges, parfois continues en hauteur; dernier tour anguleux à la base, caréné, aplati en dessous. — H. 8; D. 1,5 millimètre. — Atlantique : depuis la Grande-Bretagne jusqu'à la Méditerranée; Méditerranée : France, Corse, Sicile, Italie, Algérie; Adriatique. (Entre 10 et 80 mètres.)

Cerithiopsis Fayalensis, WATSON.

C. corona, Wats., *in* Mtr., 1875. *In Journ. conch.*, XXIII, p. 41 *(sine descript.)* — *C. Fayalensis*, Wats., 1875. *In Journ., Lin. Soc.* p. 125; 1876, *Loc. cit.*, p. 12, pl. IV, fig. 5.

Conique, court, un peu trapu; spire haute, acuminée; 11 tours à peine convexes; premiers tours lisses, les suivants avec 3 rangées de granulations arrondies disposées suivant des lignes verticales simulant des costulations; dernier tour subanguleux dans le bas, lisse en dessous. — H. 4 à 5; D. 1,2 à 1,5 millimètre. — Méditerranée : France, Italie, Sicile. Entre 20 et 60 mètres.)

Cerithiopsis scalaris, DE MONTEROSATO.

C. corona (non Wats.), *var. scalaris*, Mtr., 1875. *Nuovo rev.*, p. 38. — *C. scalaris*, Mtr., 1878. *En. Sin.*, p. 39.

Conique, très étroitement allongé; spire haute, acuminée; 11 tours à peine convexes, un peu étagés; premiers tours lisses, les suivants ornés de 3 rangées de granulations arrondies, disposées suivant des lignes verticales simulant des costulations; dernier tour anguleux à la base, lisse en dessous. — H. 4 à 6 ; D. 1,2 à 1,7 millimètre. — Méditerranée France, Italie, Sicile, Algérie. (Entre 20 et 60 mètres.)

Cerithiopsis concatenata, Conti.

Cerithium pulchellum (non Adams), Jeffr., 1878. *In Mag. nat. Hist.*, p. 129, pl. V, fig. 8. — *C. concatenatum*, Conti, 1864. *Foss. Monte-Mario*, p. 31 et 51. — *Mathilda pulchella*, Weink., 1873. *Cat*, p. 13. — *Cerithiop. concatenata*, Mtr., 1884. *Nom.*, p. 124. — *Cerithiop Jeffreysi*, Wats., 1885. *In Journ. Lin. Soc.*, XIX, p. 90, pl. IV, fig. 2.

Conoïde un peu court; spire relativement peu haute ; 10 tours très faiblement convexes ; premiers tours lisses, les suivants ornés de 3 rangées de cordons granuleux ; dernier tour avec 4 rangées, subanguleux dans le bas, toutes ces rangées disposées de façon à simuler des costulations longitudinales. — H. 3,5 ; D. 1 millimètre. — Atlantique : Depuis la Grande-Bretagne et l'Irlande jusqu'à la Méditerranée ; Manche ; Méditerranée : Sicile. (Entre 60 et 80 mètres.)

B. — Groupe du *C. diademata*.

Profil latéral curviligne; test granuleux.

Cerithiopsis diademata, Watson.

C. diadema, Wats., *in* Mtr., 1874. *In Journ. conch.*, XXII, p. 273.

Subcylindro-conique très allongé ; spire très haute, à profil latéral légèrement curviligne ; 14 à 16 tours plans ; les 4 premiers tours avec des stries longitudinales, les suivants avec 3 séries de cordons ornés de tubercules arrondis, disposés un peu obliquement et simulant des costulations longitudinales : dernier tour subanguleux, à peine convexe en dessous, portant dans cette région 2 cordons lisses. — H. 4 à 5 ; D. 1,5 à 1,8 millimètre. — Atlantique : Golfe de Gascogne, îles Açores, Madère et Canaries ; Méditerranée : France, Tunisie. (Entre 40 et 900 mètres.)

Cerithiopsis horrida, Jeffreys.

C. horrida, Jeffr., 1885. *In Proc. Zool. Soc.*, p. 60. pl. VI, fig. 9.

Subcylindro-conique très allongé; spire très haute; 15 à 16 tours presque plans ; test orné de 3 séries de cordons granuleux, petits, arrondis, bien saillants, reliés entre eux par la base et simulant des costulations longitudinales ; dernier tour avec 4 cordons granuleux, anguleux à la base, plat en dessous avec des cordons lisses dans cette région.

— H. 7; D. 1,5 millimètre. — Méditerranée : Sicile, Syrie, côtes d'Afrique. (Entre 35 et 90 mètres.)

Cerithiopsis minima, Brusina.

Cerithium minima, Brusina, 1864. *Conch. Dalm.*, p. 17. — *C. neglectum*, (*non* Adams), Sow., 1850. *Thesaur. Conch.*, fig. 235-236. — *Cerithiop. minimum*, Brus., 1866. *Conch. Dalm.*, p 71. — *C. tubercularis* (*non* Mtg.), *var. minima*, Mtr., 1875. *Nuova rev.*, p 38.

Etroitement subovoïde allongé; spire conoïde nettement curviligne; 10 tours à peine convexes ; les 4 premiers lisses, les suivants ornés de 3 rangées de cordons décurrents de granulations arrondies, saillantes, rapprochées, disposées suivant des lignes verticales; dernier tour arrondi dans le bas, orné en dessous de petits cordons subgranuleux. — H. 3 à 3,5 ; D. 1 millimètre. — Méditerranée : France, Maroc, Algérie, Tunisie ; Adriatique. (Entre 2 et 10 mètres).

Cerithiopsis thiara, Watson.

C. thiara, Wats., *ap.*, Mtr., 1874. *In Journ. conch.*, XXII, p. 274.

Etroitement conoïde, subclaviforme ; spire allongée; 13 à 14 tours presque plans ; 1 tour 1/2 lisse, les 2 suivants avec 14 à 16 costulations longitudinales élevées, les autres avec 3 cordons décurrents de granulations arrondies et saillantes, rapprochées, disposées suivant des lignes verticales ; dernier tour subarrondi dans le bas, avec 2 petits cordons subgranuleux en dessous. — H. 4 ; D. 1 millimètre. — Atlantique : Madère ; Méditerranée : Sicile (Prof. ?).

Cerithiopsis bilineata, Hörnes.

Cerithium bilineatum. Hörn., 1848. *Tert. Wien.*, I, p. 416, pl. XLII, fig. 22. — *Cerithiop. Barleei* (*non* Jeffr.), Tiberi, 1870. *In Bull. malac. Ital.*, III, p. 89. — *Cerithiop. bilineata*, Brus., 1871. *Loc. cit.*, IV, p. 15.

Pupiforme allongé; spire haute; 13 tours plans ; 2 premiers tours lisses, les suivants avec 2 rangées de petits tubercules allongés, ovalaires, un peu espacés ; dernier tour convexe à la base, avec 2 cordons subgranuleux, assez étroits, en dessous. — H. 3,5; D. 1 millimètre. — Méditerranée : France, Italie, Sicile. (Entre 3 et 10 mètres.)

Cerithiopsis Clarki, Forbes et Hanley.

C. Clarki, Forb., Hanl., 1853. *Brit. Moll.*, III, p. 368, pl. CIII, fig. 6.

Conique allongé, spire haute, à profil latéral très légèrement convexe ; 10 à 11 tours droits ; sur chaque tour, 2 rangées de tubercules arrondis, reliés entre eux d'une rangée à l'autre par la base; dernier tour convexe en dessous avec un cordon tuberculeux. — H. 5; D. 1 millimètre. — Atlantique : Grande-Bretagne; Méditerranée : France, Sicile, Algérie, Tunisie; Adriatique. (Entre 10 et 40 mètres).

C. — Groupe du *C. trilineata*.

Test orné de cordons décurrents non granuleux.

Cerithiopsis trilineata, Philippi.

Cerithium trilineatum, Phil., 1836. *Moll. Sic.*, I, p. 195, pl. XI, fig. 13. — *Cinctella trilineata*, Mtr., 1884. *Nom.*, p. 123. — *Cerithiop. trilineata*, Jeffr., 1885. *In Proc. Zool. Soc.*, p. 61.

Très étroitement conique allongé; spire très haute, à profil rectiligne; 14 à 16 tours plans; test orné de linéoles longitudinales très fines, très serrées, presque droites, recoupées sur chaque tour par 3 cordons décurrents étroit et lisses; dernier tour arrondi à la base, convexe et lisse en dessous. — H. 11; D. 2 millimètres. — Atlantique : péninsule ibérique; Méditerranée : France, Italie, Sicile. (Entre 40 et 700 mètres.)

Genre LÆOCOCHLIS, Dunk et Metzger.

Coquille assez petite, sénestre, hautement turriculée; tours nombreux ornés de cordons décurrents; ouverture petite; canal court, ouvert, fortement tordu; opercule corné, paucispiré à nucléus sublatéral.

Læocochlis granosa, S. Wood.

Cerithium granosum, Wood, 1848. *Crag. Moll.*, p. 73, pl. VIII, fig. 9. — *Triforis Mac-Andreæ*, H. Adams, 1856. *In Proc. Zool. Soc.*, p. 1. — *L. Pommeraniæ*, Dunk., Metz., 1874. *In Jahrb. Mal*, I, p. 146, pl. VII, fig 3. — *L. granosa*, G. O. Sars, 1878. *Moll. Norv.*, p. 190, pl. XIII, fig. 6.

Hautement conique turriculé; spire élevée, subacuminée; 12 tours convexes, ornés de cordons décurrents subgranuleux, à raison de 6 à 8 par tour; dernier tour anguleux à la base, un peu aplati en dessous et lisse. — H. 25 à 32; D. 8 à 10 millimètres. — Atlantique : Norvège, Hébrides, Féroë, Islande. (Entre 25 et 825 mètres.)

Genre TRIFORIS, Deshayes.

Coquille petite, sénestre, subcylindroïde; tours nombreux et granuleux; canal très court, droit, recouvert antérieurement par le labre; opercule corné, paucispiré, à nucléus subcentral.

Triforis perversus, Linné.

Trochus perversus, Lin., 1767. *Syst. nat.*, éd. XII, p. 1231. — *Cerithium maroccanum*, Brug., 1789. *Dict.*, n° 34. — *Murex radula*, Olivi, 1792. *Zool. Adriat.*, p. 152. — *M. adversus*, Mtg, 1803. *Test. Brit.*, p. 271. — *Turbo reticulatus*, Donov., 1803. *Brit. Shells*, V, pl. CLIX, fig. 18. — *C. tuberculare*, *pars*, Blainv., 1826. *Faune Franç.*, p. 157, pl. VI, A, fig. 6. — *C. perversum*, Lamck., 1822. *Anim. s. vert.*, VII, p. 77. — *Trochus striatus*, Muhlf., 1824. *In Verhand. Berl. Gesel.*, I, p. 200, pl. I, fig. 7. — *C. granulosum*, Scac., 1836. *Cat. Neap.*, p. 13. — *C. pusillum*, Pfeiff., 1840. *In Arch. natur.*, p. 256. — *M. Savignyus*, Chiaje, 1841. *Mém.*, III, pl. XLIX, fig. 32-34. — *C. adversum*, Forb, Hanl., 1853. *Brit. Moll.*, III, p. 195, pl. XCI, fig. 5-6. — *Triforis perversum*, Chenu, 1859. *Man.*, I, p. 284, fig. 1914. — *T. adversus*, P. Fisch, 1866. *In Soc. Lin. Bord.*, XXV, p. 328. — *Triforina perversa*, Mtr., 1884. *Nom.*, p. 125. — *Monophorus adversus*, Jouss., 1893. *In Bull. soc. géol. France*, 3e sér., XXI, p. 396. — *T. (Biforina) perversa*, Pallary, 1900. *In Journ. Conch.*, XLVIII, p. 205. — *T. (Monophorus) perversa*, Bellini, 1902. *In Bull. nat. Napoli*, XVI, p. 32.

Subconoïde allongé; spire très élancée, à profil latéral rectiligne; 12 à 15 tours plans; 3 cordons décurrents de granulations arrondies, rapproprochées; 4 cordons sur le dernier tour, suivis de 2 autres cordons plus grèle sur la base. — H. 20 à 30; D. 3 à 4 millimètres. — Atlantique : Depuis la Norvège jusqu'au cap de Bonne-Espérance; Manche; mer du Nord; Kattegat; Baltique; Méditerranée : Côtes d'Europe, d'Afrique et d'Asie; Adriatique; mer Egée; mer Noire; mer d'Azow. (Entre 2 et 710 mètres.)

Triforis asper, Jeffreys.

T. asper, Jeffr., 1885. *In Proc. Zool. Soc.*, p. 58, pl. VI, fig. 7.

Conoïde, très étroitement allongé, fortement acuminé; spire très élancée à profil latéral rectiligne; 21 à 22 tours plans; deux cordons décurrents de granulations petites et arrondies sur tous les tours; dernier tour anguleux à la base, avec un cordon plus accusé à la périphérie, lisse en dessous — H. 12; D. 3 millimètres. — Atlantique : Golfe de Gascogne, péninsule ibérique; Méditerranée : France, Sicile, Algérie. (Entre 225 et 1815 mètres.)

Triforis cylindricus, de Monterosato.

T. perversa, *var. cylindrica*, Mtr., 1878. *En. Sin*, p. 38. — *T. (Monophorus) cylindrica*, Mtr., *ap.*, Bellini, 1902. *In Bull. soc. nat. Napoli*, XVI, p. 22.

Cylindroïde allongé; spire grêle, très élancée, faiblement acuminée, à profil rectiligne dans le bas, un peu curviligne tout a fait dans le haut;

3 cordons décurrents de granulations arrondies et 4 au dernier tour, suivis de 2 autres sur la base. — H. 12 à 18; D. 2,5 à 3 millimètres. — Méditerranée : France, Sicile. (Entre 30 et 50 mètres).

Triforis obesulus, LOCARD.

T. perversus (non Lin.), *var. obesula*, Bucq., Dautz., Dollf., 1884. *Moll. Rouss*, I, p. 212, pl. XXVI, fig. 18-20. — *T. obesulus*, Loc., 1886. *Prodr.*, p. 185 et 566.

Petit, pupoïde allongé, atténué en haut et en bas, ventru dans le milieu; spire acuminée, à profil latéral curviligne; 12 tours plans; 3 cordons décurrents de granulations arrondies, 4 cordons au dernier tour, suivis de 2 autres plus petits sur la base. — H. 4,5 à 7; D. 1,2 à 1,5 millimètre. — Méditerranée : France, Italie (Entre 2 et 20 mètres.)

Genre BITTIUM, Leach.

Coquille petite, dextre, allongée, plus ou moins cylindroïde, étroite, granuleuse, variqueuse; canal à peine distinct; labre variqueux; columelle simple; opercule corné, subcirculaire, à tours peu nombreux et à nucléus central.

Bittium reticulatum, DA COSTA.

Strombiformis reticulatus, da Costa, 1778. *Brit. conch.*, p. 117, pl. VIII, fig. 13. — *Cerithium lima*, Brug., 1792. *Diction.*, n° 33. — *Murex reticulatus*, Mtg., 1803. *Test. Brit.*, p. 272. — *C. reticulatum*, Forb., Hanl., 1853. *Brit. moll.*, III, p. 192, pl. XCI, fig. 1-2. — *Rissoa vulgatissima*, Clark, 1855. *Brit. mar.*, p. 271. — *Cerithiopsis lima*, Chenu, 1859. *Man.*, I, p. 231, fig. 1337. — *B. reticulatum*, Bucq., Dautz., Dollf., 1884. *Moll. Rouss.*, I, p. 212, pl. XXV, fig. 3-9.

Conique allongé; spire haute, acuminée; 12 à 14 tours très légèrement convexes; 4 cordons décurrents sur chaque tour, recoupant des plis longitudinaux et formant à leur rencontre des granulations régulières et arrondies; 5 cordons au dernier tour, suivis en dessous de cordons plus ou moins obsolètes. — H. 10 à 12; D. 9,2 à 4 millimètres. — Atlantique : depuis les îles Loffoden jusqu'aux îles Açores, Madère et Canaries; Manche; mer du Nord; Kattegat; Baltique. (Entre 0 et 130 mètres.)

Bittium scabrum, OLIVI.

Murex scaber, Olivi, 1792. *Zool. Adriat.*, p. 153. — *Cerithium scabrum*, Risso, 1826 *Hist. nat. Eur. mérid.*, IV, p. 157. — *Cerithiolum scabrum*, Mtr., 1878. *En. Sin.*, p. 38 — *Cerithiopsis scaber*, Granger, 18'9. *Cat.*

Cette, p. 12. — *B. reticulatum (non* da Costa). *var scabra*, Bucq., Dautz., Dollf., 1884. *Moll. Rouss.*, I, p. 214, pl. XXV, fig 1-2. — *B. scabrum*, Loc., 1892. *Conch. Franç.*, p. 171.

Conique suballongé, un peu court et trapu ; spire haute et acuminée; 12 à 14 tours plans; test orné sur chaque tour de 4 cordons décurrents recoupant des plis longitudinaux et formant à leur rencontre des granulations très irrégulières et bien arrondies; 5 cordons décurrents sur le dernier tour, suivis en dessous d'autres cordons plus ou moins obsolètes. — H. 10 à 12; D. 3,5 à 4,5 millimètres. — Méditerranée : côte d'Europe, d'Afrique et d'Asie; Adriatique; mer Egée; Dardanelles; Bosphore. (Entre 0 et 150 mètres.)

Bittium Afrum, Danilio et Sandri.

Cerithium afrum, Dan., Sand., 1856 *Elenco Zara*, p.15. — *Cerithiopsis afer*, Brus., 1866. *Conch. Dalm.*, p. 71. — *B. afrum*, Loc., 1886. *Prodr.*, p. 189.

Conique suballongé, un peu court et trapu; spire haute, acuminée; 12 à 14 tours très légèrement convexes; 3 cordons décurrents sur chaque tour recoupant des plis longitudinaux, et formant à leur rencontre des granulations arrondies et saillantes; 4 cordons décurrents sur le dernier tour suivis en dessous de cordons obsolètes. — H. 10 à 12; D. 3,7 à 4,5 millimètres. — Méditerranée : France, Italie, Sicile; Adriatique. (Entre 0 et 60 mètres.)

Bittium rude, Brugnone.

Cerithium reticulatum (*non* da Costa), *var. rudis*, Brugn., 1877. *In Boll. malac. Ital.*, III, p. 28, pl. V, fig. 4. — *B. rude*, Mtr., 1900. *Conch. Palermo*, p. 18.

Conoïde court et trapu; spire un peu haute, acuminée; 12 tours plans; 3 cordons décurrents sur chaque tour recoupant des plis longitudinaux et formant à leur rencontre des granulations arrondies et serrées, suivis d'un quatrième cordon plus étroit, moins accusé; sur le dernier tour, 4 cordons nettement granuleux, suivis dans le bas de cordons plus ou moins obsolètes. — H. 13; D. 4 millimètres. — Méditerranée : Italie, Sicile, Algérie. (Entre 0 et 80 mètres)

Bittium Latreillei, Payraudeau.

Cerithium Latreillei, Payr., 1826. *Moll. Corse*, p. 143, pl. VII, fig. 9-10. — *B. reticulatum (non* da Costa), *var. Latreillei*, Bucq., Dautz , Dollf., 1884. *Moll. Rouss.*, I, p 214, pl. XXV, fig. 10-19. — *Cerithiolum Latreillei*, Mtr , 1884. *Nom.*, p. 121. — *B. Latreillei*, Loc , 1886. *Prodr.*, p. 189.

Subcylindroïde, allongé; spire très haute, bien acuminée; 14 tours plans; 4 à 6 cordons décurrents sur chaque tour recoupant des plis longitudinaux et formant à leur intersection des granulations arrondies, fines, souvent atténués au bas du dernier tour. — H. 12 à 13; D. 4,5 à 5 millimètres. — Méditerranée : Espagne, France, Italie, Baléares, Corse, Sardaigne, Sicile, Algérie; Adriatique.

Bittium paludosum, DE MONTEROSATO.

B. reticulatum (*non* da Costa), *var. paludosa*, Bucq., Dautz., Dollf., 1884. *Moll. Rouss.*, I, p. 215, pl. XXV, fig. 16-19. — *Cerithiolum paludosum*, Mtr., 1884. *Nom.*, p. 121. — *B. paludosum*, Loc , 1886. *Prodr.*, p. 189.

Subcylindroïde, étroitement allongé; spire élancée, grêle, acuminée; 10 tours bien convexes; vaguement subanguleux dans le milieu ; test orné de côtes longitudinales fortes, arrondies, un peu espacées, atténuées sur les trois derniers tours, recoupées par des cordons décurrents plus étroits au nombre de 3 à 5 et formant à leur rencontre de petites granulations arrondies ; plusieurs cordons subgranuleux au bas du dernier tour. — H. 12 à 15; D. 4,7 à 5,2 millimètres. — Méditerranée : France, Italie, Sicile. (Entre 0 et 10 mètres.)

Bittium exiguum, DE MONTEROSATO.

Cerithium scabrum (*non* Olivi), *var. exigua*, Mtr., 1878. *En. sin.*, p. 38. — *B. reticulatum* (*non* da Costa). *var. exigua*, Bucq., Dautz., Dollf., 1884. *Moll. Rouss.*, I, p. 215, pl. XXV, fig. 26-27. — *Cerithiolum exiguum*, Mtr., 1884. *Nom.*, p. 122. — *B. exiguum*, Loc., 1892. *Conch. franç.*, p. 121.

Subcylindroïde, très étroitement allongé; spire très grêle, élancée, peu acuminée; 14 tours bien convexes, vaguement subanguleux dans le milieu; test orné sur les premiers tours de costulations longitudinales accusées, arrondies, espacées, s'atténuant sur les 3 derniers tours, souvent un peu obliques, recoupées par 5 cordons décurrents étroits et peu marqués, formant à leur rencontre de petites granulations arrondies, obsolètes à la base du dernier tour. — H. 12 à 14; D. 1,8 à 2,2 millimètres. — Méditerranée : France, Tunisie. (Entre 5 et 20 mètres)

Bittium Jadertinum, BRUSINA.

Cerithium Jadertinum, Brus., 1865. *Conch. Dalm.*, p. 16. — *Cerithiopsis Jadertinum*, Brus , 1866. *Conch. Dalm.*, p. 71. — *Cerithiolum spina*, Tiberi, 1869. *In Bull. malac. Ital* , II, p. 264. — *B. reticulatum* (*non* da Costa), *var. Jadertinum*, Bucq., Dautz., Dollf., 1884. *Moll. Rouss.*, I, p 215, pl. 25, fig. 20-25. — *Cerithiolum Jadertinum*, Mtr., 1884. *Nom.*, p. 121. — *B. Jadertinum*, Loc., 1886. *Prodr.*, p. 190.

Petit, conique allongé; spire haute, acuminée; 10 à 12 tours un peu convexes; test orné sur tous les tours de 4 cordons décurrents recoupant des plis longitudinaux, formant à leur rencontre des granulations régulières, arrondies, rapprochées; au bas du dernier tour, 4 ou 5 cordons avec des granulations obsolètes. — H. 5 à 8; D. 2 à 2,5 millimètres. — Méditerranée : France, Italie, Corse, Sardaigne, Sicile, Algérie, Tunisie; Adriatique. (Entre 0 et 60 mètres).

Bittium bifasciatum, Locard.

B. reticulatum (non da Costa), *var. bifasciata*, Bucq., Dautz., Dollf., 1884. *Moll. Rouss.*, I, p. 215. — *B. bifasciatum*, Loc., 1886. *Prodr.*, p. 190 et 567.

Petit, conique allongé; spire haute, acuminée; 10 à 12 tours légèrement convexes; test orné sur tous les tours de costulations longitudinales bien accusées, arrondies, rapprochées, recoupées par 4 cordons décurrents obsolètes; quelques cordons très atténués dans le bas du dernier tour; 2 bandes décurrentes brunes au dernier tour, l'une d'elles se poursuivant sur les tours supérieurs. — H. 8; D. 2 millimètres. — Méditerranée : France, Corse. (Entre 2 et 20 mètres.)

Bittium Watsoni, Jeffreys.

Cerithium (Bittium) gemmatum, (non Hinds), Wats., 1884. *In Journ. Lin. Soc.*, XV, p. 113 — *C. Watsoni*, Jeffr., 1885 *In Proc. Zool. Soc.*, p. 56 pl. VI, fig. 6. *B. gemmatum*, Wats., 1885. *Voy. Challeng.*, XV, p. 547, pl. XXXIX, fig. 2. — *B. Watsoni*, Dautz., 1889. *Contr. Açores*, p. 41.

Petit, conique un peu renflé; spire haute, acuminée; 11 à 12 tours très légèrement convexes; test orné sur tous les tours de costulations longitudinales obliques, arrondies, un peu espacées, atténuées à l'extrémité du dernier tour, recoupées par 2 cordons décurrents continus, formant à leur rencontre des saillies subgranuleuses transverses; cordons obsolètes à la base du dernier tour. — H. 8; D. 2 millimètres. — Atlantique : Depuis la Péninsule ibérique jusqu'aux Açores. (Entre 330 et 1365 mètres.)

Bittium lacteum, Philippi.

Cerithium lacteum, Phil., 1836. *Moll. Sic.*, I, p. 198. — *C. niveum*, Biv., 1838. *Op. post.*, p. 15. — *C. Algerianum*, Sow., 1850. *Thesaur. Conch.*, fig. 230-231. — *C. elegans*, Petit, 1853. *In Journ. conch.*, IV, p. 431 *(non* Blainv.). — *Cerithiopsis lacteus*, Brus., 1866. *Contr. Dalm.*, p. 36 et 71. *Cerithiolum elegans*, Mtr., 1878. *En. sin.*, p. 38. — *C. lacteum*, Mtr., 1879. *In Journ. conch.*, XXVII, p. 271. — *B. lacteum*, Bucq., Dautz., Dollf., 1884. *Moll. Rouss.*, I, p. 215, pl. XXVI, fig. 1-4.

Petit, un peu court et râblé; spire haute, acuminée; 12 tours plans; test orné de 3 rangées de cordons décurrents portant des tubercules saillants, bien arrondis, disposés en lignes droites ; dernier tour avec 4 cordons tuberculeux suivis de 4 cordons lisses bien accusés ; d'un blanc lactescent. — H. 7 à 9 ; D. 2 à 2,5 millimètres. — Atlantique : péninsule ibérique ; Méditerranée : Espagne, France, Italie, Corse, Sardaigne, Sicile, Algérie ; Adriatique ; mer Egée. (Entre 10 et 60 mètres.)

Bittium tessellatum, DE MONTEROSATO.

B. lacteum (non Phil.), *var. tessellata,* Bucq., Dautz., Dollf., 1884. *Moll. Rouss.*, I, p. 217, pl. XXVI, fig. 5 6. — *Cerithiolum tessellatum*, Mtr., 1884. *Nom.*, p. 122. — *B. tessellatum*, Loc., 1886. *Prodr.*, p. 191.

Assez petit, conique un peu allongé ; spire haute, acuminée ; 12 tours presque plans ; test orné de 3 rangées de cordons décurrents portant des tubercules gros et saillants, arrondis, disposés en lignes droites ; dernier tour avec 4 cordons tuberculeux, suivis de 4 cordons lisses bien accusés ; blanc laiteux avec une tache rousse entre chaque granulation. — H. 8 à 9 ; D. 1,2 à 2 millimètres. — Méditerranée ; France. (Entre 2 et 20 mètres).

Bittium Ragusianum, BRUSINA.

B. Ragusianum, Brus., *in* Loc. et Caz., 1900. *Coq. Corse*, p. 114.

Très petit, étroitement conoïde allongé ; spire haute, acuminée ; 9 à 10 tours convexes ; test orné de costulations longitudinales étroites ; arrondies, recoupées par 3 cordons décurrents formant à leur rencontre des petits mamelons saillants, arrondis, bien accusés ; 4 à 5 cordons à peine granuleux au dernier tour en dessous des 3 autres. — H. 5 ; D. 1,5 millimètre. — Méditerranée : Italie, Corse, Sicile ; Adriatique. (Entre 10 et 60 mètres).

Bittium pusillum, JEFFREYS.

Turritella ? pusilla, Jeffr., 1860. *Test. Piem.*, p. 42, fig. 10-11. — *Cerithiolum Schwartzii (non* Hörnes), Tib., 1869. *In Bull. mal. Ital.*, II, p. 265. — *Mesalia ? pusilla*, Jeffr., 1870. *In Mag nat. Hist.*, p. 14. — *Cerithidium submamillatum*, Mtr., 1884. *Nom.*, p. 123. — *? Cerithium (Cerithidium) pusillum*, Kob., 1888. *Prodr.*, p. 165. — *B. pusillum*, Loc., 1886. *Prodr.*, p. 191.

Très petit, un peu étroitement conoïde allongé ; spire haute, acuminée ; 12 à 14 tours bien convexes ; test orné de côtes longitudinales fortes, saillantes, arrondies, à raison de 8 à 10 sur le dernier tour, recoupées par 4 à 5 cordons décurrents étroits et très peu accusés, formant à leur rencontre de légères saillies granuleuses un peu transverses : — H. 4 à 6 ; D. 1,8 à 2,5 millimètres. — Atlantique : golfe de Gascogne ; Méditerranée : France, Italie, Sicile ; Adriatique ; mer Egée.

TABLE ALPHABÉTIQUE

NOTA. — Les caractères *italiques* indiquent les noms des espèces admises dans ce mémoire les caractères ordinaires sont reservés aux synonymes.

Lyon — Imp. A. REY, 4, rue Gentil — 30130

BIBLIOTHEQUE NATIONALE DE FRANCE
3 7531 01661648 5

www.ingramcontent.com/pod-product-compliance
Ingram Content Group UK Ltd.
Pitfield, Milton Keynes, MK11 3LW, UK
UKHW022156190726
13855UKWH00004B/1511

9 782013 576550